BEI GRIN MACHT SICH IHR WISSEN BEZAHLT

AF148940

- Wir veröffentlichen Ihre Hausarbeit,
  Bachelor- und Masterarbeit

- Ihr eigenes eBook und Buch -
  weltweit in allen wichtigen Shops

- Verdienen Sie an jedem Verkauf

Jetzt bei www.GRIN.com hochladen
und kostenlos publizieren

Ricarda Schäfer

Unterrichtsvorbereitung: Achsensymmetrie (3. Klasse)

GRIN Verlag

Bibliografische Information der Deutschen Nationalbibliothek:

Die Deutsche Bibliothek verzeichnet diese Publikation in der Deutschen National-
bibliografie; detaillierte bibliografische Daten sind im Internet über http://dnb.d-
nb.de/ abrufbar.

Impressum:

Copyright © 2005 GRIN Verlag GmbH
Druck und Bindung: Books on Demand GmbH, Norderstedt Germany
ISBN: 978-3-656-06818-1

Dieses Buch bei GRIN:

http://www.grin.com/de/e-book/63894/unterrichtsvorbereitung-achsensymmetrie-
3-klasse

GRIN - Your knowledge has value

Der GRIN Verlag publiziert seit 1998 wissenschaftliche Arbeiten von Studenten, Hochschullehrern und anderen Akademikern als eBook und gedrucktes Buch. Die Verlagswebsite www.grin.com ist die ideale Plattform zur Veröffentlichung von Hausarbeiten, Abschlussarbeiten, wissenschaftlichen Aufsätzen, Dissertationen und Fachbüchern.

Besuchen Sie uns im Internet:

http://www.grin.com/

http://www.facebook.com/grincom

http://www.twitter.com/grin_com

Unterrichtsvorbereitung

Klasse: 3c

Fach: Mathematik

Datum: 8.6.06

Uhrzeit: 07.55 - 8.40 Uhr

<u>Thema der Unterrichtseinheit:</u> Achsensymmetrie

<u>Thema der Stunde:</u> Finden und Einzeichnen von Spiegelachsen bei zueinander symmetrischen Figuren

<u>Ziel der Stunde:</u> Die Schüler sollen Spiegelachsen bei zueinander symmetrischen Figuren einzuzeichnen und die Symmetrie begründen.

1. Lerngruppenbeschreibung

1.1 Allgemeine Lernvoraussetzungen

Die Klasse 3c der XXX-Schule besteht aus 24 Kindern, 11 Mädchen und 13 Jungen. Die Mehrzahl der Kinder hat Eltern mit Migrationshintergrund. Die Herkunftsländer der Eltern sind unter anderem Marokko, Türkei, Italien, Mazedonien, Polen, Rumänien, Indien und Jugoslawien. 6 Kinder kommen aus einem deutschen Elternhaus. Diese Zusammensetzung der Klasse bringt teilweise deutliche Sprachprobleme mit sich. Dennoch sind alle Kinder in der Lage dem Unterricht zu folgen, Arbeitsaufträge zu verstehen und diese auszuführen. 3 der 24 Kinder besuchten bereits die Vorklasse. Die Altersspanne in der Klasse ist recht groß. Das älteste Kind der Klasse ist im Oktober 1995 geboren, das jüngste im August 1997. In der Klasse gibt es feste Regeln und Rituale. Die Kinder kennen sie und halten sich meistens gut daran.

Bezüglich des Arbeits- und Sozialverhaltens lässt sich sagen, dass insgesamt eine angenehme Klassengemeinschaft existiert. Die Kinder kennen ihre unterschiedlichen Stärken und Schwächen und sind in der Lage sich gegenseitig um Hilfe zu bitten bzw. sich gegenseitig zu helfen. Auch der Umgang mit freien Arbeitsformen wie Werkstattarbeit oder Arbeitsplänen ist den Kindern vertraut. Oftmals schaffen sie es gut, sich in solchen Arbeitsphasen eine Aufgabe zu suchen und konzentriert und leise daran zu arbeiten. Einige Kinder neigen hin und wieder dazu, sich durch Gespräche abzulenken und benötigen dann eine Aufforderung zum konzentrierten Weiterarbeiten. Anderen Kindern fällt es manchmal noch schwer leise an ihrem Platz zu arbeiten. Sie laufen in der Klasse herum und lenken andere Kinder ab. Auch hier reicht jedoch meist eine Ermahnung, um sie wieder zum Arbeiten zu bringen. Während der Gesprächsphasen schaffen es die meisten Kinder gut dem Gesprächsverlauf zu folgen. Viele Kinder bringen sich durch gute Beiträge konstruktiv ein. Dennoch fällt es auch hier manchen hin und wieder schwer sich an die Melderegel zu halten und dem Geschehen konzentriert zu folgen.

Das Arbeitstempo der Kinder ist sehr unterschiedlich. Dies hängt zum einen mit den unterschiedlichen Leistungsniveaus und zum anderen mit ihrem unterschiedlichen Arbeitsverhalten zusammen. Viele Kinder arbeiten zielgerichtet und konzentriert an ihren Aufgaben. Andere lassen sich leicht ablenken und brauchen hin und wieder eine Ermahnung zum Weiterarbeiten.

Von ihrem Verhalten her sind P. und A. besonders auffallend. **P.** kann sich nicht lange auf eine Sache konzentrieren. In Stillarbeitsphasen ist er oft abgelenkt und stört andere Kinder. Er braucht viele Ermahnungen, bis er leise an seinem Platz arbeiten kann. Manchmal kann er dies nur, wenn er an einem Einzeltisch sitzt. Auch in Gesprächsphasen hat er oftmals Probleme konzentriert dem Unterrichtsgeschehen zu folgen. Er lenkt sich und andere oft ab, indem er Geräusche macht oder mit Gegenständen spielt. Im Stuhlkreis sitzt P. deshalb immer neben der Lehrerin. Oftmals reicht schon eine Berührung, um ihm zu zeigen, dass er die anderen stört und damit aufhören muss. Sein auffälliges Verhalten könnte unter anderem auf seine familiären Verhältnisse zurückzuführen sein. Seine Eltern leben getrennt und P. hält sich an bestimmten Tagen bei seiner Mutter, an anderen beim Vater und nachmittags teilweise bei seinen Großeltern auf. Sein Verhalten war jedoch schon vor der Trennung der Eltern problematisch. Die Familie wurde bis zu den Weihnachtsferien vom Zentrum für Erziehungshilfe betreut. Bis zum Ende des letzten Jahres wurde P. zweimal in der Woche von einer Sonderpädagogin oder einer Sozialpädagogin im Unterricht besucht und unterstützt. Er hat Schwierigkeiten sich in Gruppen einzugliedern, da er dort nicht die ungeteilte Aufmerksamkeit bekommen kann. Durch sein auffälliges Verhalten versucht er diese dennoch immer wieder zu bekommen. Auch das Arbeiten mit einem Partner fällt ihm schwer. P. ist in der Klasse trotz seines Verhaltens akzeptiert. Dies ist jedoch mehr ein Zeichen der positiven Klassengemeinschaft, da es nicht immer leicht für die Kinder ist, Ps störendes Verhalten zu tolerieren.

As Verhalten ähnelt dem von P. Auch ihm fällt es schwer sich in Arbeitsphasen zu motivieren. Er braucht viel Zuspruch, um zunächst einmal mit der Arbeit zu beginnen. Auch während der Arbeit benötigt er immer wieder die Bestätigung der Lehrerin. Er fällt häufig durch störendes Verhalten auf. A. sitzt aus diesem Grund im Stuhlkreis ebenfalls neben der Lehrerin. Ihm fällt es zudem oft schwer sich an seinem Platz nicht von anderen Kindern ablenken zu lassen. Oftmals muss er separat sitzen, um sich konzentrieren zu können. Auch das Arbeiten mit einem Partner bereitet ihm große Probleme.

1.2 Lernvoraussetzungen zum Thema

Der Bereich Geometrie wurde in den vergangenen Schuljahren nicht sehr ausführlich behandelt. Die Kinder kennen jedoch die zweidimensionale geometrische Figuren (Dreieck, Kreis..). Im ersten Schuljahr haben sie zudem erste Erfahrungen mit der Achsensymmetrie gemacht. Sie wissen, dass es Figuren gibt, die achsensymmetrisch sind. In dieser Einheit wurde diese Erkenntnis nochmals aufgegriffen. Verschiedene achsensymmetrische Formen wurde ausgeschnitten, gefaltet und gelegt. Dabei wurde festgestellt, dass einige Figuren nur eine andere mehrere Spiegelachsen haben. Die meisten Kinder können somit eine Figur auf

Achsensymmetrien untersuchen und die Spiegelachsen einzeichnen. Das Finden der Spiegelachse ohne Hilfsmittel bereitet manchen Kindern auf Grund eines mangelnden Vorstellungsvermögens Probleme. Als Hilfsmittel kannten sie aus der ersten Klasse den Spiegel. Der Zauberspiegel (halbdurchlässiger Spiegel) wurde neu eingeführt. Damit fällt ihnen das Einzeichnen der Spiegelachse besonders leicht. Der Begriff Spiegelachse ist den Kindern bekannt. Dass es jedoch nicht nur achsensymmetrische, sondern auch zueinander symmetrische Figuren gibt, ist ihnen nicht bewusst. Dennoch wissen die Kinder, dass man jeden Gegenstand mit einem Spiegel spiegeln kann. Bewusst ist ihnen jedoch nicht, wie sich der Gegenstand dadurch verändert.

2. Sachanalyse

Mit dem geometrischen Begriff Symmetrie bezeichnet man „die Eigenschaft, dass ein geometrisches Objekt durch bestimmte Umwandlungen auf sich selbst abgebildet werden kann."[1] Der Vorgang, bei dem ein Objekt auf sich selbst abgebildet wird, nennt man Symmetrieoperation. Wenn es eine Symmetrieoperation gibt, die ein geometrisches Objekt in ein anderes überführt, sind diese zueinander symmetrisch. Je nach Zahl der Dimensionen gibt es unterschiedliche Symmetrien. Im Eindimensionalen gibt es die Symmetrie bezüglich der Translation (Verschiebung). Im Zweidimensionalen gibt es Achsen- und Punktsymmetrie. Im Dreidimensionalen gibt es die Flächensymmetrie (entspricht der Achsensymmetrie im Zweidimensionalen) und die Achsensymmetrie (entspricht der Punktsymmetrie im Zweidimensionalen).[2]

Die Achsensymmetrie tritt bei Figuren auf, die entlang einer Spiegelachse gespiegelt sind. Dreiecke können beispielsweise eine oder drei Symmetrieachsen haben. Mindestens eine Symmetrieachse haben gleichschenklige Trapeze und Drachenvierecke. Rauten und Rechtecke verfügen über mindestens zwei. Das Quadrat hat sogar vier. Der Kreis und die Gerade verfügen über unendlich viele Symmetrieachsen.[3] Alle diese geometrischen Figuren sind symmetrische Figuren, d.h. innerhalb der Figur gibt es mindestens eine Symmetrieachse. Auf der anderen Seite gibt es Figuren, die zueinander symmetrisch sind, d.h. die an einer Spiegelachse gespiegelt sind und dadurch im Ganzen spiegelverkehrt erneut entstehen.[4]

---

[1] http://de.wikipedia.org/wiki/Symmetrie_(Geometrie), letzter Zugriff 26.5.06.
[2] vgl. http://de.wikipedia.org/wiki/Symmetrie_(Geometrie), letzter Zugriff 26.5.06.
[3] vgl. http://de.wikipedia.org/wiki/Symmetrie_(Geometrie), letzter Zugriff 26.5.06.
[4] Vgl. Franke, M. 2001, 210-211.

Symmetrie wird oftmals als fundamentale Idee des Geometrieunterrichts bezeichnet.[5] Der Grund dafür sind die vielen Aspekte, die im Bereich der Symmetrie vertreten sind. In Bezug auf ebene Figuren sind dies:

- *Formaspekt*: Zwei spiegelbildliche „Hälften" bilden eine Achsenfigur.
- *Ästhetische Aspekt*: Bei der Achsensymmetrie sind Gleichmaß und Wiederholung auf elementarste Weise realisiert. Sie bildet eine ästhetische Urerfahrung.
- *Ökonomisch-technische Aspekt*: Oftmals bieten sich achsensymmetrische Lösungen an, um Kraft, Arbeit und Aufwand zu minimieren.
- *Arithmetische Aspekt*: Bei der Darstellung der Punktmuster können gerade Zahlen durch eine achsensymmetrische Doppelreihe dargestellt werden.[6]

3. Einordnung der Stunde in die Unterrichtseinheit

1. Stunde: Aktivierung der Vorkenntnisse auf haptischer Ebene
2. Stunde: Finden und Einzeichnen von Symmetrieachsen in achsensymmetrische Figuren
3. **Stunde: Finden und Einzeichnen von Spiegelachsen bei zueinander symmetrischen Figuren**
4. Stunde: Einzeichnen der gespiegelten/ zueinander symmetrischen Figur

In der ersten Stunde der Einheit wurden zunächst durch Falten und Schneiden achsensymmetrische Figuren hergestellt, um das Vorwissen zu aktivieren. In diesem Zusammenhang wurde der Begriff Spiegelachse wiederholt und der Begriff achsensymmetrisch eingeführt. In der zweiten Stunde sollten die Kinder verschiedene Figuren daraufhin überprüfen, ob sie achsensymmetrisch sind. In diesem Zusammenhang wurde der Umgang mit dem Spiegel wiederholt und der Zauberspiegel (halbdurchlässiger Spiegel) eingeführt. In der gezeigten Stunde soll nun die Spiegelachse von zueinander symmetrischen Figuren gefunden und eingezeichnet sowie die durch die Spiegelung erzeugte Veränderung beschrieben werden. In der Abschlussstunde sollen die Kinder eine vorgegebene Figur an einer Spiegelachse spiegeln und einzeichnen.

4. Didaktische Überlegungen zur Einheit

Jedes Kind hat bereits Erfahrungen mit Symmetrie gemacht, auch wenn es sie teilweise noch nicht versprachlichen kann. Kinder sehen symmetrische Elemente an ihrem Körper (Hände,

---

[5] Vgl. Grassmann, M. 1998: Geometrie heute, zitiert nach Franke, M. 2001, 199.

Arme, Beine, Gesicht) und in ihrer Umgebung (Tiere (z.b. Schmetterlinge), Pflanzen (z.b. Blüten), Bauwerke (z.B. Fensteranordnungen) oder Gebrauchsgegenstände (z.B. Fliesenmuster)). Auch mit der Funktionalität von Symmetrien haben die Kinder erste Erfahrungen gemacht. Wenn beispielweise bei einem vierbeinigen Tisch ein Bein kürzer ist als das andere, dann wackelt er. Wenn der Papierflieger nicht symmetrisch gebaut ist, fliegt er schlecht. Wenn ein Turm schief ist, dann droht er umzufallen. Kinder verfügen über ein Bestreben nach Ordnung und Schönheit. Symmetrische Objekte und Abbildungen werden von den meisten Kindern als schön empfunden.[7]

Um die Erfahrungen der Kinder im Unterricht aufgreifen zu können, muss eine didaktische Reduzierung vorgenommen werden. Da die meisten Erfahrungen im dreidimensionalen Raum stattfinden, müssen diese Objekte auf die Bildebene projiziert werden. So können sie von den Kindern leichter auf Achsensymmetrie untersucht werden. Gleiches gilt für die Lage der Symmetrieachse. Will man sich zunächst an der Natur orientieren, wählt man zunächst eine vertikale Achse. Solche Spiegelungen werden von den Kindern leichter erfasst. In einem zweiten Schritt können horizontale und diagonale Spiegelachsen thematisiert werden.[8]

Der Rahmenplan Grundschule gibt daher im Bereich der Symmetrie das Thema Achsensymmetrie vor. Es wird darauf hingewiesen, dass der Schwerpunkt nicht auf Begriffen und Lehrsätzen, sondern auf dem Entdecken, Vermuten, Vergleichen, Beschreiben und Konstruieren liegen soll. Die Einsichten sollen aus realen Erfahrungen beim Betrachten, Zeichnen, Falten, Kleben, Schneiden, Modellieren usw. entwickelt werden.[9]

Schon Piaget hatte erkannt, dass sich das Denken durch die Verinnerlichung von Handlungen, d.h. in der aktiven Auseinandersetzung mit der räumlichen Umwelt entwickelt. Die Behandlung von geometrischen Themen (also auch der Achsensymmetrie) trägt somit entscheidend zur geistigen Entwicklung der Kinder bei. Zudem leistet sie einen wichtigen Beitrag zur Umwelterschließung, da die Umwelt oft geometrisch strukturierbar ist. Fähigkeiten wie Raumvorstellung, Orientierung im Raum und visuelle Informationsaufnahme sind grundlegende Fähigkeiten, die durch den Geometrieunterricht entwickelt werden können. Die Auseinandersetzung mit geometrischen Operationen hat zudem eine positive Wirkung auf den Arithmetikunterricht. Oft werden dort Veranschaulichungen verwendet, ohne dass sie speziell erläutert werden. Durch die Vermittlung geometrischer Grundlagen wird somit der Umgang mit solchen Veranschaulichungen erleichtert. Durch den ganzheitlichen, anschaulichen und kreativen Unterricht wird die rechte Gehirnhälfte, die im restlichen

---

[6] Vgl. Franke, M. 2001, 199.
[7] Vgl. Franke, M. 2001, 200-201.
[8] Vgl. Franke, M. 2001, 202.

Unterricht teilweise zu kurz kommt, geschult. Durch diese ganz andere Art des Lernens haben Kinder, die bei formal-analytischen Themen nicht so leistungsstark sind, eine Chance sich zu beweisen. Dies führt zu einem Motivationsschub, der sich im Idealfall auch auf die anderen schulischen Bereiche auswirkt.[10] Neben diesen Aspekten weist die Symmetrie eine große Bedeutung für das räumliche Auffassungs- und Gliederungsvermögen auf.[11] Symmetrische Figuren können vom Gehirn schneller analysiert und gespeichert werden als asymmetrische. Das Erkennen geometrischer Eigenschaften ist somit der Grundstein für das räumliche Vorstellungsvermögen.[12]

5. Didaktische Überlegungen zur Stunde

Wie bereits beschrieben haben die Kinder schon vielseitige Erfahrungen mit Achsenspiegelungen gemacht. Sie kommen in ihrer Umwelt immer wieder damit in Berührung. Um diese Erfahrungen jedoch versprachlichen zu können, müssen sie im Unterricht behandelt und bewusst gemacht werden. Die vielseitigen Gründe für die Behandlung von Achsenspiegelungen wurden bereits in Abschnitt 4 erläutert. Die gezeigte Stunde soll nun das Wissen bezüglich des Phänomens Spiegelungen erweitern. Nachdem den Kindern klar ist, wie man eine achsensymmetrische Figur erkennt und wie man die Spiegelachsen einzeichnet, soll es nun um zueinander symmetrische Figuren gehen. Ausgangspunkt ist die Feststellung, dass man jeden Gegenstand spiegeln kann. Diese Erkenntnis ist wichtig, da die ausführliche Beschäftigung mit achsensymmetrischen Figuren nicht die Vorstellung entstehen lassen soll, dass man nur solche Figuren spiegeln kann. Im Grunde wissen die Kinder, dass alle Bilder spiegelbar sind (beispielsweise von ihrem Spiegel im Badezimmer). Allerdings ist einigen Kindern diese Erkenntnis noch nicht bewusst. Zudem haben sie sich vermutlich noch nie Gedanken darüber gemacht, wie sich der gespiegelte Gegenstand verändert. Den Kindern soll deutlich werden, dass eine Figur im gleichen Abstand zur Spiegelachse spiegelverkehrt abgebildet wird. Die Erprobung an zweidimensionalen Figuren stellt hierbei eine didaktische Reduzierung dar. Sie vereinfacht das Erkennen der Veränderungen und das Einzeichnen einer Spiegelachse. Später kann das erlangte Wissen auf den dreidimensionalen Raum übertragen werden. Eine weitere didaktische Reduzierung ist die Verwendung von geometrischen Gebilden. Diese sind auf Grund ihrer klaren Struktur leichter zu erfassen als Abbildungen von Alltagsgegenständen.

---

[9] Vgl. ebd., 164.
[10] Vgl. Krauthausen, G./ Scherer, P. 2003, 55-57.
[11] Vgl. Radatz, H. / Rickmeyer, K. 1991, 81.
[12] Vgl. Franke, M. 2001, 199-200.

Durch die eckigen Formen können sich die Kinder zusätzlich an den Kästchen orientieren. Bei den leichten Darstellungen wurden die Spiegelungen zudem ausschließlich an einer vertikalen Achse vorgenommen. Als Differenzierung gibt es jedoch auch schwierigere Figuren. Diese sind zum Teil an vertikalen, zum Teil an horizontalen Spiegelachsen gespiegelt.

6. Methodische Überlegungen

Den Einstieg bilden zwei zueinander symmetrische Figuren. Die Spiegelachse ist noch nicht eingezeichnet. Dennoch stellen viele Kinder (auch auf Grund ihrer Vorerfahrungen mit Spiegelungen) sicher fest, dass es sich um eine Spiegelung handelt und äußern Vermutungen, wo die Spiegelachse in etwa sein muss. Sollte dies nicht der Fall sein, werden weitere zueinander symmetrische Figuren in die Kreismitte gelegt. Da nun eine Regelmäßigkeit erkennbar ist, könnte dies die Kinder zur richtigen Erkenntnis bringen. Sollten die Kinder einen weiteren Anhaltspunkt benötigen, wird eine Spiegelachse in Form eines Striches zwischen die Figuren gelegt. Ursprünglich sollten verschiedene achsensymmetrische Figuren den Einstieg bilden. Anschließend sollten die Spiegelachsen eingezeichnet werden. Nun sollten nicht achsensymmetrische Figuren präsentiert werden. Die Frage, wie man die anderen Figuren spiegeln kann, sollte den Impuls zur Erprobungsphase geben. Dieser Einstieg wurde jedoch verändert, da es für die Kinder sicher schwer ist auf die Idee zu kommen die Spiegelachse außerhalb der Figur einzuzeichnen, zumal davor nochmals Spiegelachsen in die Figuren eingezeichnet wurden. Der gedankliche Sprung von achsensymmetrischen zu zueinander symmetrischen Figuren ist vermutlich etwas zu groß.

Das Problem für die Kinder ist nun, dass die Spiegelachsen fehlen. Der Auftrag für die Erarbeitungsphase ist somit zunächst eine mögliche Spiegelachse zu finden und zu überprüfen, ob die Figuren zueinander symmetrisch sind. Anschließend sollen die Kinder versuchen so viele Argumentationen wie möglich zu finden, die beweisen, dass die beiden Figuren zueinander symmetrisch sind. Als Hilfsmittel stehen den Kindern Zauberspiegel, Spiegel und Lineale zur Verfügung. Jedes dieser Hilfsmittel könnte unterschiedliche Argumentationen erzeugen. Mit dem Zauberspiegel ist es am leichtesten herauszufinden, da man die Figur gespiegelt auf der anderen Seite erkennen und die Umrisse überprüfen kann. Der Spiegel verlangt den Kindern ab, dass sie sich die eine Figur im Spiegel merken und dann mit der zweiten auf dem Blatt vergleichen. Dabei müssen sie sich alle relevanten Details merken. Die Kinder könnten also argumentieren, indem sie feststellen, dass die Figur im Spiegel genauso aussieht wie die auf dem Blatt. Nun besteht jedoch die Schwierigkeit die richtige Position der Spiegelachse zu finden. Um dies herauszufinden, müssen die Kinder über das Spiegelbild hinaus erkennen, dass die Achse genau zwischen den beiden Figuren liegen muss. Das Lineal macht eine etwas abstraktere Lösung möglich. Die Kinder könnten die Entfernung einzelner Punkte zur Spiegelachse messen und diese auf der anderen Seite überprüfen. Eine vierte Möglichkeit ist das Zählen der Kästchen auf dem Kästchenpapier, auf dem die Figuren abgebildet sind, bis zur Spiegelachse. Um die Kinder in diesem Prozess zur Diskussion anzuhalten und zu verhindern, dass einzelne Kinder keine Idee haben wie sie an das Problem herangehen sollen, erfolgt die Phase in Partnerarbeit. Da sich die Kinder mit dem Ausprobieren abwechseln müssen, wird zudem das soziale Miteinander in der Klasse gefördert. Da P. und A. große Probleme haben mit anderen Kindern zusammenzuarbeiten, lösen sie die Aufgabe allein. Sollte in der Stunde ein Kind krank sein, und dadurch eine ungerade Schülerzahl entstehen, arbeitet P. mit E. zusammen. Größere Gruppen wären für diese Aufgabe ungeeignet. Das Material lässt nur ein Kind hantieren. Ein weiteres Kind kann beobachten und mit dem ersten diskutieren. Weitere Gruppenmitglieder hätten sich gelangweilt oder abgeschaltet. Die Kinder arbeiten mit ihren Tischnachbarn zusammen. Da bei dieser Aufgabe ganz verschiedene Fähigkeiten gefordert sind, lässt sich eine homogene Zuteilung nicht verwirklichen. Die heterogene Zuteilung hat jedoch viele Vorteile. So ergänzen sich die Kinder gegenseitig und jedes Kind kann seine persönlichen Stärken in die Arbeit einbringen. Manche Kinder haben beispielsweise ein sehr gutes Vorstellungsvermögen und können schnell herausfinden, wo die Spiegelachse einzuzeichnen ist. Andere Kinder haben ihre Stärken im Formulieren der Vorgehensweise. Zudem kann das eine Kind besonders gut mit dem Spiegel umgehen, ein anderes findet eine Lösung mit Hilfe des Lineals. So kann schon innerhalb der Gruppen ein Austausch über verschiedene mögliche Lösungswege stattfinden. Die Differenzierung ergibt sich somit im Grunde aus der Formulierung der Aufgabe. Eine Gruppe findet vielleicht nur eine Möglichkeit zu beweisen, dass es sich um zueinander symmetrische Figuren handelt, andere finden mehrere. Dennoch stehen, nachdem sich zunächst alle mit dem ersten Arbeitsblatt beschäftigt haben, weitere zur Verfügung die hinsichtlich der Komplexität der Figuren und der Lage der Spiegelachse differenziert sind. Da die Kinder auf Grund des ersten Arbeitsblattes ihre Leistungsstärke gut einschätzen können, dürfen sie selbst entscheiden, mit welchem sie weitermachen.

Anhand des ersten Arbeitsblattes, das alle Partner bearbeitet haben, soll abschließend die Lösung des Problems gemeinsam besprochen werden. Einzelne Partner bekommen die Möglichkeit ihre Vorgehensweise vorzustellen. So soll deutlich werden, dass man das Problem auf verschiedene Art und Weise lösen kann. Abschließend sollen die Kinder versuchen zu formulieren, wie sich die Figuren verändern, wenn sie zueinander symmetrisch sind. Diese sprachliche Leistung können sicher nicht alle vollbringen. Auf Grund der vorangegangenen Erprobungsphase ist jedoch allen klar, um was es geht. Es ist deshalb auch für diese Kinder hilfreich von sprachlich stärkeren Kindern den Versuch einer Formulierung zu hören. Abschließend wird der Begriff „zueinander symmetrisch" eingeführt. Nun können die Kinder die ihnen bekannten Phänomene mit zwei Begriffen (achsensymmetrisch und zueinander symmetrisch) beschreiben.

7. Verlaufsplan

Phase	Geplanter Unterrichtsverlauf	Sozialform	Medien
Begrüßung 7.55-8.00 Uhr	L begrüßt die Klasse; Begrüßung des Besuchs; Sch kommen in den Stuhlkreis	frontal	
Hinführung / Problemstellung 8.00-8.10 Uhr	Zueinander symmetrische Figuren werden in die Kreismitte gelegt; vielleicht äußern schon einige Kinder Vermutungen, dass die Figuren gespiegelt sein könnten oder wo sich die Spiegelachsen befinden könnten; sollte der Impuls bei den Kindern nicht wirken oder nicht die vermuteten Reaktionen erzeugen, legt die L weitere symmetrische Figuren dazu; sollte dies nicht wirken, legt sie eine Spiegelachse (in Form einer Linie) zwischen zwei zueinander symmetrische Figuren; die Kinder stellen nun sicher fest, dass die Figuren an der Spiegelachse gespiegelt sind; Problemstellung: Findet mögliche Spiegelachsen und zeichnet sie ein; wie kann man herausfinden, ob die Figuren wirklich an der Spiegelachse gespiegelt sind? Ein Kind liest die Aufträge auf dem Arbeitsblatt vor; Mögliche Fragen werden geklärt; Organisatorisches wird erläutert	Stuhlkreis	**Beispiele von zueinander symmetrischen Figuren;**
Erarbeitungsphase 8.10-8.25 Uhr	Sch arbeiten in Partnerarbeit an dem Arbeitsblatt; für schnelle Teams stehen weitere differenzierte Blätter zur Verfügung	Partnerarbeit am Platz	**Arbeitsblätter** Arbeitsblätter; Zauberspiegel, Spiegel, Lineale, Ablagekörbe

11

			mit weiteren differenzierten Arbeitsblättern
		Stuhlkreis	Beispiele vom Anfang der Stunde, Spiegel, Zauberspiegel, Lineal, Arbeitsergebnisse der Kinder
Ergebnispräsentation 8.25-8.40 Uhr	Sch präsentieren die herausgefundenen Möglichkeiten, um zu beweisen, dass die Figuren zueinander symmetrisch sind; Sch versuchen zu beschreiben wie sich die Figuren verändern, wenn sie gespiegelt werden; L führt den Begriff ‚zueinander symmetrisch' ein		

12

8. Literaturverzeichnis

- Franke, Marianne: Didaktik der Geometrie, Spektrum Akademischer Verlag, Heidelberg/ Berlin 1. Nachdruck 2001.

- Hessisches Kultusministerium (Hrsg.): Rahmenplan Grundschule. Moritz Diesterweg Verlag. Wiesbaden 1995.

- Krauthausen, Günter/ Scherer, Petra: Einführung in die Mathematikdidaktik, Spektrum Akademischer Verlag, Heidelberg/ Berlin 2. Auflage 2003.

- Radatz, Hendrik/ Rickmeyer, Knut: Handbuch für den Geometrieunterricht an Grundschulen, Schroedel Schulbuchverlag, Hannover 1991.

- http://de.wikipedia.org/wiki/Symmetrie_(Geometrie), letzter Zugriff 26.5.06.

Findet ihr eine Spiegelachse? Z ja   Zeichnet sie ein!

                                        Z nein

Welches Hilfsmittel hat euch geholfen? Begründet eure Antwort.

_____

_____

_____

* Findet ihr andere Möglichkeiten eure Antwort zu begründen?

_____

_____

Findet ihr eine Spiegelachse? Z ja   Zeichnet sie ein!

                                        Z nein

Welches Hilfsmittel hat euch geholfen? Begründet eure Antwort.

_____

_____

_____

* Findet ihr andere Möglichkeiten eure Antwort zu begründen?

_____

_____